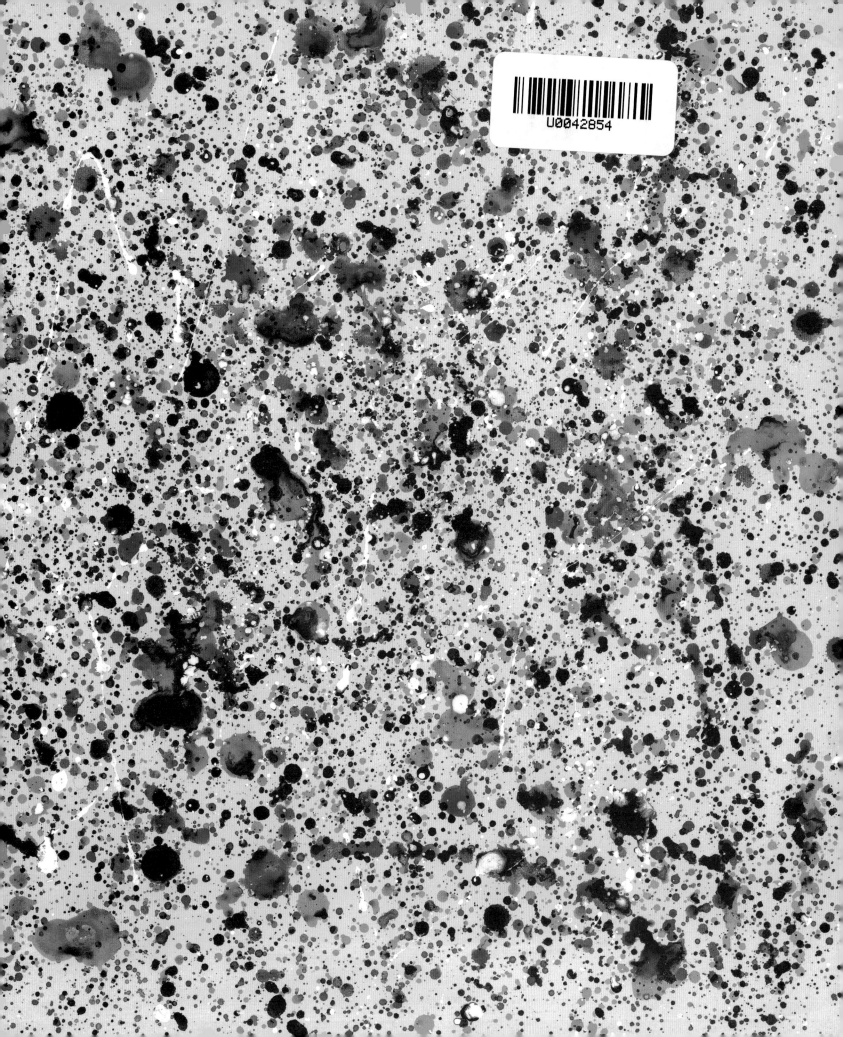

慶賀所愛的強尼·巴爾克夫特，直到最後都擁有無窮的好奇心。——CB

獻給我愛的喬恩和麗茲。——SW

獻給我愛的媽媽，並感謝所有的來信！——AH

文字
凱瑟琳·巴爾
Catherine Barr

在英國里茲大學專攻生態學，而後成為記者。她在國際綠色和平組織工作了七年，從事野生動物與林業保育的宣導，長期關心環境議題。目前為通訊公司合夥人，和她的伴侶及兩個女兒住在英國赫里福德郡靠近海伊村的山上。

文字
史蒂夫·威廉斯
Steve Williams

具有海洋生物學和應用動物學位的生物學家，畢業於英國威爾斯大學。他對野生動物的熱愛，於受訓成為教師後更延伸至海洋，目前在英國威爾斯鄉下的綜合中學教授科學。他養蜂，和他的妻子及兩個女兒住在海伊村附近。

繪圖
艾米·赫斯本
Amy Husband

在英國利物浦大學藝術學院學習平面藝術。她的第一本繪本《親愛的老師》（Dear Miss）榮獲2010年劍橋兒童圖畫書獎。艾米和她的伴侶住在英國約克，在一個能夠眺望約克大教堂的工作室裡工作。

翻譯 **周怡伶**

臺灣輔仁大學新聞傳播系、英國約克大學社會學研究碩士班畢業。曾任出版社編輯，現職書籍翻譯，熱愛知識也喜歡做菜和探索新地方，目前和先生與兩個男孩住在英國。

閱讀與探索
發明之書：科技改變世界的故事

文字：凱瑟琳·巴爾、史蒂夫·威廉斯｜繪圖：艾米·赫斯本｜翻譯：周怡伶｜審訂：魏秀恬

總編輯：鄭如瑤｜文字編輯：劉子韻｜協力編輯：林筑栩｜美術編輯：莊芯媚｜行銷副理：塗幸儀

社長：郭重興｜發行人兼出版總監：曾大福｜業務平臺總經理：李雪麗｜業務平臺副總經理：李復民

海外業務協理：張鑫峰｜特販業務協理：陳綺瑩｜實體業務協理：林詩富

印務經理：黃禮賢｜印務主任：李孟儒｜出版與發行：小熊出版·遠足文化事業股份有限公司

地址：231新北市新店區民權路108-2號9樓｜電話：02-22181417｜傳真：02-86671851

客服專線：0800-221029｜客服信箱：service@bookrep.com.tw

劃撥帳號：19504465｜戶名：遠足文化事業股份有限公司

Facebook：小熊出版｜E-mail：littlebear@bookrep.com.tw

讀書共和國出版集團網路書店：http://www.bookrep.com.tw｜團體訂購請洽業務部：02-22181417分機1132、1520

法律顧問：華洋法律事務所／蘇文生律師

初版一刷：2021年07月｜定價：360元｜ISBN：978-986-5593-07-0

國家圖書館出版品預行編目（CIP）資料

發明之書：科技改變世界的故事——凱瑟琳·巴爾，史蒂夫·威廉斯文字；艾米·赫斯本繪圖；周怡伶翻譯. -- 初版. -- 新北市：小熊出版：遠足文化事業股份有限公司發行，2021.07
40面；24.7×28.3 公分. --（閱讀與探索）
譯自：The Story of Inventions
ISBN 978-986-5593-07-0（精裝）
1.科學技術 2.歷史 3.通俗作品
409　　　　　　　　　110002560

THE STORY OF INVENTIONS: A FIRST BOOK ABOUT WORLD-CHANGING DISCOVERIES
Text copyright © Catherine Barr and Steve Williams 2020. Illustrations copyright © Amy Husband 2020.
First published in 2020 by Frances Lincoln Children's Books, an imprint of The Quarto Group, The Old Brwery, 6 Blundell Street, London N7 9BH, United Kingdom.
Complex Chinese translation rights © 2021 by Walkers Cultural Co., Ltd. arranged with Frances Lincoln Children's Books through CoHerence Media Co., LTD.
ALL RIGHTS RESERVED.

小熊出版官方網頁　小熊出版讀者回函

發明之書
科技改變世界的故事

The Story of INVENTIONS :
A first book about world-changing discoveries

文字 **凱瑟琳・巴爾、史蒂夫・威廉斯**
繪圖 **艾米・赫斯本**
翻譯 **周怡伶**
審訂 **魏秀恬**（臺北市立蘭雅國中科技領域教師）

最初的輪子在青銅器時代被創造出來，開始轉動世界的文明發展。

城裡的陶器工匠，利用輪子狀的轉盤來拉胚並製作陶器。

經過好長一段時間，人類發明了韁繩和相關工具來拴住動物，利用牠們拉動輪子，成為具備車輪的拉車。接著車輻出現，大幅增加車輪的轉動速度，拉車開始改造成戰車，讓羅馬戰士穿過亞洲馳騁到埃及後，載著埃及的弓箭手去打仗，從此改變了戰爭的面貌。

西元前3500年　輪子的發明

羅馬人為戰車鋪出了平坦的道路，並在車上加裝一種有彈性的裝置——避震器。後來人類改用橡膠製造輪胎，讓地球上滾動著各式各樣的輪子，最新發明的車輪，甚至能走在沒有道路的火星上！

跟著北極星！

很久以前，人們在海上看著星星判斷方向，但在雲遮住星光的陰天，人們就會迷路。直到發現一種能指出方向的奇怪石頭。

磁石

這種奇怪石頭是磁石，具有天然磁性，將它綁在一條線上，就會搖搖晃晃的指出北方，是最早期的指北針，能幫助中國軍隊在大霧中找尋敵人、協助水手在各種天氣狀況下都能辨認方向。

西元前270年　指北針的發明

隨著時間，鐵製的指針取代了磁石，天空、陸地、海上各種交通方式所使用的指北針，也都有不同的設計。現在，外太空的人造衛星更能精確的指出人們所在位置，這項發明就是耳熟能詳的全球衛星定位系統——GPS。

中國古代，有一個朝廷官員坐在桑樹下。他剝下具黏性的桑樹皮，磨碎後加入破布和水，用力擠壓出水分再攤平晾乾，乾燥後就成了紙張。最初的紙張是用來包裹他珍貴的物品。

之後人們開始在紙張上寫字，因為紙張比絲綢便宜、比竹片輕。為了取得造紙的祕訣，甚至還有人把造紙工匠抓走！不過，那些位於遠方，不知道造紙技術的人們，還是只能在動物皮上寫字。

西元105年　紙的發明

後來在歐洲，印刷機誕生了，利用紙張製作大量書籍，讓所有人都能接觸到書本，使得學習的風氣傳播到全世界。人們寫下故事、詩、新聞，這些文字在變動的時代裡，啟發出許多新觀念。

喝茶時間到了嗎？

天氣惡劣時，想知道時間是很困難的。因為利用陽光產生陰影來計時的日晷，在陰天無法發揮功能。沙漏、燃燒蠟燭、水流等，都是古代人用來計時的方法。

有一位中國和尚利用水鐘製造出第一個報時器，每到整點水會敲響鐘聲，這樣人們就能知道時間。到了中世紀，歐洲的僧侶製作出新式時鐘，來計算祈禱的時間。後期則利用有重量的鐘擺擺動計時，但是如果忘記上發條，時鐘會停擺。

水鐘

西元725年　時鐘的發明

擺鐘

隨身攜帶的鐘錶

接著，有種礦物——石英，可以解決忘記上發條的問題，電池的電力會讓石英產生規律震盪，以此計量時間。在現代，原子鐘是最準確的計時裝置，每150億年的誤差只有1秒。

隨著時間的推移，人口漸漸增多、相互競爭。
士兵抽出佩劍來保護自己的城市和土地，靠著雙手拿
武器打仗，直到一項來自東方的爆炸裝置，從此改變
了戰爭武器。

西元850年　火藥的發明

在古代的中國，為了調製長生不老藥，突然竄出巨大的煙霧，
火藥就這樣意外的被發明出來。這種黑色神祕粉末在點燃時會
爆炸，它的配方循著絲路從亞洲傳到歐洲等地。

火藥被填裝在早期的大砲和槍枝裡，引領著新型武器的製造。
現在，火藥還應用在煙火上，在黑夜裡綻放火花。

煤炭燃起了一場革命，加快人類生活的步調。在應用燃煤產生的蒸氣之前，人們是靠水、風或馬匹來運轉交通工具和機械，想當然，運轉的速度很慢。

嘟──嘟──

西元1712年　蒸汽引擎的發明

蒸氣會產生壓力，壓力可以推動活塞，帶動引擎的運轉。世界上第一個蒸汽引擎出現在英格蘭的礦場，用來抽出積水，讓在地底深處的礦工有較安全的工作環境。不久之後，人們乘坐著蒸汽火車，前往以蒸氣為動力的新工廠工作，轟隆作響的機器織出絲綢和棉布，成捆的送到船上並運銷到世界各地。

哎呀！好臭的煙！

現在世界上大部分的電力還是依靠燃煤和石油，然而，這些化石燃料正在汙染我們的天空，因此太陽能、水力和風力將再度被使用，協助地球度過氣候變遷的威脅。

太陽能光電板

在「工業革命」時期，擁擠的城市裡很容易傳播疾病。
其中天花是最容易感染的，奇怪的是，擠牛奶的女工卻不會得
到這種俗稱「紅斑惡魔」的疾病，因為她們已經先得過一種比
較輕微的疾病——牛痘。

西元1798年　疫苗的發明

這個現象給了一位英國醫生靈感，他刻意讓一個男孩感染牛痘，然後暴露在天花病毒中，結果這個男孩並沒有發病。因此醫生認為，牛痘可以幫助男孩對抗天花，因而發明了世界上第一個疫苗。漸漸的，世界上再也沒有人得到天花，天花病毒就此絕跡。

疫苗已經救了好幾百萬人的生命，雖然每年都有新疫苗問世，但是科學家仍然不斷研發新疫苗，期望能對抗某些致命的疾病。

從前，用機器算數學是一個有趣的新觀念，但當時鮮少有人認為它行得通。不過，人們對於有可能成功的事，常會灌注熱情。

西元1830年代　電腦的發明

在現代世界中，電腦可以讓複雜的資訊變得有用，協助我們測量、探索、了解世界和我們自己。電腦能畫出地球的形貌、控制交通狀況、發出氣象警報和預測危險。

第一臺電腦協助破解密碼，在第二次世界大戰期間幫忙打了勝仗，從那時開始，電腦越來越進步，改變了人類的生活。有些人開始思考，這些驚人的機器是否有一天會比人類還聰明。

早在古代就發現了電，但是科學家一直無法捕捉到這種看不到的能源；這股神祕的力量讓人讚嘆，激發出人類的好奇心。

電動馬達的發明，將看不見的電力轉換成在實際物體中移動的能量，讓全世界都知道電力是多麼有用。一撥開關，人類歷史自此步入光芒。

西元1832年　電動馬達的發明

燈泡點亮陰暗的房屋，讓工廠有了不受限制的光源，讓人們得以在夜間工作，改變了生活樣貌。現在，即便從太空就能看到地球因為電而發出的光芒，但在偏遠地區仍然有億萬人盼望著能有隨手可開的燈光。

電力可以用來照明，也能用來傳送訊息。

這項發現促成了電話的發明。將聲音轉換成電子訊號以銅線傳送，如此人們就能在電話兩端彼此講話了。

歐洲和美洲之間的大西洋，有巨大的電纜放置在海底，當電話響起，世界各地的人拿起話筒，交換彼此的故事、資訊和八卦，電話便開始普及。

西元1876年　電話的發明

第一支智慧型手機又大又重,現在的手機輕薄到可以塞進口袋、握在手中。無論是最富有和最貧窮的人,都能透過手機與全世界連結。

用電話雖然能立刻跟對方說話，見面仍需要花一些時間移動。
以馬匹或蒸汽引擎為交通工具的長途旅行，不僅骯髒、吵雜，而且很臭。

多虧有新款引擎的發明，讓汽車的構想成真。起初汽車為奢侈品，後來因為能大量生產而趨於平價，許多家庭踴躍的購買汽車，世界各地就開始塞車了。

西元1886年　汽車的發明

馬糞會弄髒道路，而汽車則是排放看不見的有毒廢氣。現在，雖然電動車已經上路，汽車也都使用更乾淨的燃料，仍趕不上氣候變遷的速度。隨著地球升溫，搶救我們的肺和地球的呼籲，也越來越強烈。

當陸地上布滿道路，天空卻只有蟲、鳥恣意的飛翔。直到某個風大的日子，一對美國兄弟坐在他們發明的飛機上，成功起飛。

接下來將近二十年的時間，飛機僅用來運送包裹和信件。後來終於可以有乘客坐上飛機，再加上噴射機的發明，使得載客數增加，飛行不再是奢侈的消費，人們得以乘坐飛機去度假，從鳥的視角俯瞰世界。不過，正因如此，太多的飛行航班造成汙染，傷害著地球大氣層。

西元1903年　飛機的發明

人類希望能去到更遠的地方，例如航向宇宙，所以發明了火箭前進太空。太空裡有許多正在運轉的人造衛星，還有不少待清理的太空垃圾。

如今，太空船出發去尋找新的星球，而太空人正探索著在火星上生活的可能性。

地球上許多生物正在與塑膠奮戰。

塑膠具有多種特性：強韌、防水、可以彎折、厚薄隨意、顏色多變，無論是五顏六色或是透明無色都可以，而且很便宜，很快便成為人類有史以來最有用的材料。

西元1907年　塑膠的發明

有些塑膠會分解，但是並不會消失，正逐漸累積在環境中，持續汙染並毒害著地球。塑膠可以順著水管流到河裡導致堵塞，再進入海洋傷害水中生物。

雖然很難完全阻止塑膠的使用，但是，我們可以拒絕一次性的使用，並且做好回收，就能幫助野生動物、保護環境。

先不論海洋中的塑膠戰爭，世界大戰在陸地上開打了。正當士兵在前線打仗時，有些科學家躲在安靜偏遠的地方，嘗試解開原子所蘊含的神祕能量，造就出惡魔般的發明——有史以來威力最強的炸彈。

西元1945年　核子武器的發明

科學家發現，如果讓原子核分裂，會釋放出龐大的能量，造成巨大的核能爆炸。

第二次世界大戰末期，僅僅兩顆投擲在日本的核彈，就殺死了數十萬人，當時的爆炸震驚了全世界，各地人們發起遊行要求停止戰爭，要求禁止使用核能炸彈。

但是核能武器還是被藏在一些祕密基地。現在大部分國家都希望世界和平，一起合作，讓地球成為更安全的地方。

我們利用電腦來查詢各式各樣的資訊，以便在生活上做出決定。網際網路的發明，改變了我們分享的知識內容，也改變了我們說話和傾聽的方式。

現代　網際網路的發明

電腦能做到的事已經相當驚人，可以預測我們的感受和行為、可以播放音樂讓我們覺得開心。地球上最小的電腦——小到可以裝進一粒米中——能測量一顆細胞的溫度。

未來，電腦會更小、更聰明，遠超出我們的想像。但是，人類要如何運用這些發明，關心彼此與所居住的地球？就由你決定了！

名詞解釋（依首字筆畫排列）

一次性塑膠（Single-use plastic） 只用一次就得丟棄或回收的塑膠製品。

中世紀（Medieval） 歷史上的一個時代，約從西元 5 世紀到 15 世紀。

文明（Civilizations） 人們用有組織的方式，一起和平的生活著。

日晷（Sundials） 利用陽光產生陰影來計時的裝置，藉由觀察陰影位置，人們就能知道時間。

生質燃料（Biofuel） 一種用有機體製造出來的燃料。

回收（Recycling） 將本來要丟棄的材料變成有用的東西。

印刷機（Printing press） 用來大量產出書籍、雜誌、文章的機器。

全球衛星定位系統（GPS） 利用太空裡的人造衛星來找出你的所在位置。

車輻（Spokes） 從車輪中央往外輻射的條狀物，使輪子更堅固。

青銅器時代（Bronze Age） 大約 4 千年前至 6 千年前，人們使用青銅（錫和銅的合金）取代石頭來製作物品。

革命（Revolution） 劇烈的變動，大幅改變了人類的生活。

活塞（Pistons） 引擎的一部分，它能上下往返運動，使機器運轉。

原子（Atoms） 構成宇宙萬物的極小單位。

原子鐘（Atomic clocks） 利用原子的共振頻率來計時，準確度可維持 150 億年不變。

氣候變遷（Climate change） 世界氣候長期以來的改變。目前氣候改變最主要的原因是人們燃燒石油、煤炭和瓦斯（天然氣），還有大規模的砍伐森林。

細胞（Cells） 最基本的生物結構單位，組成地球上所有生物。

絲路（Silk Road） 大約在 2000 年前，亞洲和歐洲之間的貿易路線。

智慧型手機（Smartphone） 像電腦一樣具有很多功能的手持式電話，有觸控螢幕，而且可以連上網路。

電纜（Cables）　許多電線綑成一束，外面有保護殼，可以安全的傳輸電力。

僧侶（Monk）　一種宗教人士，終生遵從該宗教的戒律，每天過著祈禱和工作的簡樸生活。

網際網路（Internet）　全球的電腦網絡。

磁石（Magnet）　具有磁性的物體，能吸引其他磁鐵和某些金屬。

衛星（Satellites）　在太空中繞著大型物體運行的小型物體。

避震器（Suspension）　安裝在車輛中的彈簧裝置，用來吸收輪子接觸道路時所造成的震動，讓旅途減少顛簸。

礦物（Mineral）　蘊藏在地球的一種物質，通常存在岩石中。

鐘擺（Pendulum）　一個被固定懸吊的重物，可以兩邊往返擺盪，利用規律的擺盪使時鐘計時。

審訂者的話

魏秀恬（臺北市立蘭雅國中科技領域教師）

　　科技，是人類為了解決生活周遭的問題所發明或發展的產品或技術，各項科技的存在使生活更加便利。或許現在的孩子很難想像父母小時候，竟然這麼「原始」，沒有手機、也沒有網路，對父母而言，孩子現今成長的環境，也是過去難以想像的。孩子在充滿科技產品的世界中成長，是屬於科技新世代的人類，因此認識科技，對他們而言是重要的。

　　這也是為什麼新課綱的教育藍圖會將科技資訊納為核心素養，讓孩子認識科技產品在不同時代的變化、特色和對人類的影響。懂得科技史可以讓孩子了解自古以來人類解決問題的歷程，幫助孩子建立面對生活問題的能力，更重要的是，從閱讀中產生對學習科技的興趣，反思其對人類社會的影響，進而善用科技，創造與環境永續、共生共好的未來。